纳唐科学问答系列

动物医生

[法] 西尔维·博西耶 著

[法] 邦雅曼·贝屈 绘

杨晓梅 译

吉林科学技术出版社

LE VETERINAIRE
ISBN：978-2-09-255883-6
Text: Sylvie Baussier
Illustrations: Benjamin Becue
Copyright © Editions Nathan, 2014
Simplified Chinese edition © Jilin Science & Technology Publishing House 2023
Simplified Chinese edition arranged through Jack and Bean company
All Rights Reserved

吉林省版权局著作合同登记号：
图字　07-2020-0052

图书在版编目（CIP）数据

动物医生 / （法）西尔维·博西耶著；杨晓梅译
. -- 长春 ：吉林科学技术出版社，2023.7
（纳唐科学问答系列）
ISBN 978-7-5744-0361-1

Ⅰ. ①动… Ⅱ. ①西… ②杨… Ⅲ. ①兽医学－儿童
读物 Ⅳ. ①S85-49

中国版本图书馆CIP数据核字(2023)第078860号

纳唐科学问答系列　动物医生
NATANG KEXUE WENDA XILIE　DONGWU YISHENG

著　者	[法]西尔维·博西耶
绘　者	[法]邦雅曼·贝屈
译　者	杨晓梅
出 版 人	宛　霞
责任编辑	赵渤婷
封面设计	长春美印图文设计有限公司
制　版	长春美印图文设计有限公司
幅面尺寸	226 mm×240 mm
开　本	16
印　张	2
页　数	32
字　数	25千字
印　数	1-6 000册
版　次	2023年7月第1版
印　次	2023年7月第1次印刷

出　版	吉林科学技术出版社
发　行	吉林科学技术出版社
地　址	长春市福祉大路5788号
邮　编	130118

发行部电话/传真　0431-81629529　81629530　81629531
　　　　　　　　　　81629532　81629533　81629534
储运部电话　0431-86059116
编辑部电话　0431-81629520
印　　刷　吉林省吉广国际广告股份有限公司

书　号　ISBN 978-7-5744-0361-1
定　价　35.00元

目 录

候诊室里

动物医生是专门给动物看病的医生。在诊所里，他们要接待不同种类的动物。因为动物不会说话，为了知道它们到底生的什么病，所以动物医生要给动物做许多检查，还要向主人询问动物的具体情况。

什么时候要去宠物医院？

建议主人们每一年都要带宠物去医院体检。如果宠物受伤或生病了，也要去医院。

什么动物才能去宠物医院？

城市里的宠物医院接待最多的是猫和狗，另外还有兔子、仓鼠……乡村里的动物医院则主要照顾牧场里的动物：牛、羊、马等。

架子上的这些盒子是什么？

宠物食品。幼猫、成年猫、兔子、大狗、小狗等吃的食物都不一样。

为什么这只猫被关在笼子里？

猫关在笼子里，主人才能带着它来到宠物医院。另外，这样也可以避免它和其他宠物打起来。在笼子里，小猫很安全。

在图中找一找！

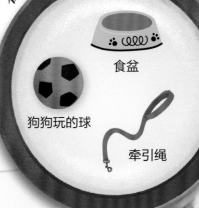

食盆

狗狗玩的球

牵引绳

看病

诊疗室里，一位女医生正在给这只猫做检查。小猫趴在桌子上，看起来害怕极了！它爪子上的肉垫在冒汗，身上的毛也掉了一些。医生和猫主人都在和小猫说话，抚摸它，让它别害怕！

这个医生正在检查什么？
她要看猫咪的耳朵是否干净，牙齿有没有问题，身上有没有跳蚤……

为什么桌上有注射器？
医生要给小猫打一针疫苗。首先把猫固定住，然后为它注射。打疫苗可以预防小猫患上很多种疾病，对它的健康有好处！

怎样才能当动物医生？

要经过漫长的学习，还得通过职业资格考试。在法国，通过高考后至少还要继续学习7年（中国是3～4年）才能从事动物医生的工作。只有真正喜欢动物的人才会选择这个职业！

这个机器有什么作用？

检查猫的眼睛。动物医生需要这个专门的工具来检查猫的眼睛是否正常。

在图中找一找！

温度计

药瓶

棉花

做手术

这只小狗撕碎了一只鞋。现在，它无论吃什么喝什么都会吐。医生要赶紧给它做手术！

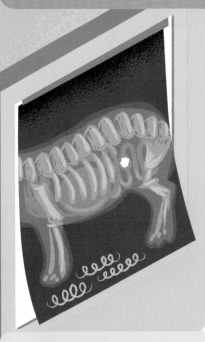

这张照片是什么？

这是小狗消化系统的X线片。鞋子的碎片堵在肠道里，必须赶紧手术，将异物取出来。

为什么护士拿着剃毛器？

护士首先要把小狗肚子上的毛剃光，然后，护士还要用专门的药品给肚子清洁、消毒，因为医生过一会儿要为小狗做腹部手术，所以要为小狗备皮。最后要固定住小狗，防止它挣扎。

小狗做手术时会疼吗？

不会，手术时小狗就睡着了。医生正在准备麻醉剂，可以让小狗迅速陷入深度睡眠中。

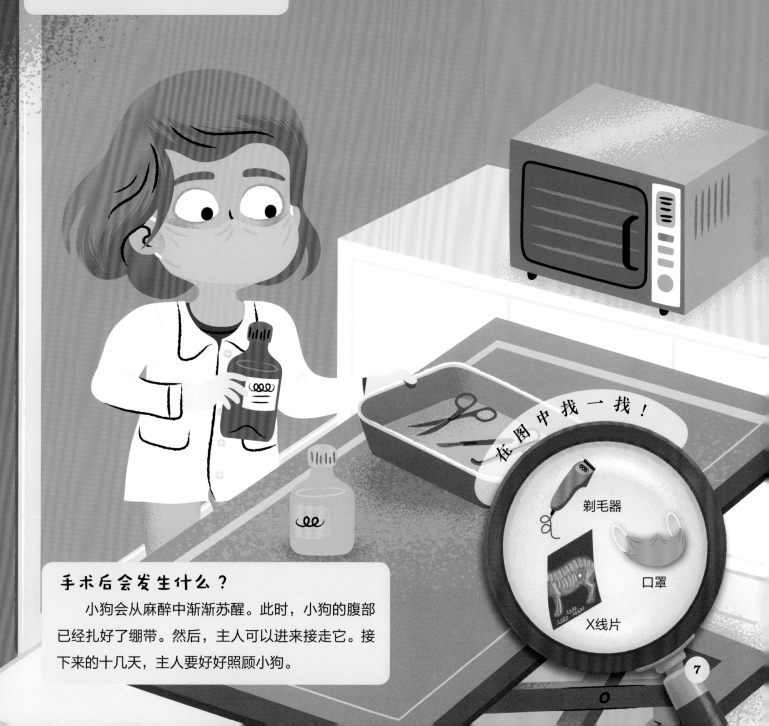

在图中找一找！

剃毛器

口罩

X线片

手术后会发生什么？

小狗会从麻醉中渐渐苏醒。此时，小狗的腹部已经扎好了绷带。然后，主人可以进来接走它。接下来的十几天，主人要好好照顾小狗。

奇怪的宠物

有些医生可以治疗一些罕见的宠物。它们是"异宠"，也就是非常规宠物。

什么是"异宠"？

猫、狗等常见宠物以外的宠物。有些人会养蜥蜴、蛇、鸟、青蛙、乌龟等不同的动物。

动物医生可以给蜥蜴看病吗？

动物医生不可能了解所有动物的疾病。但他们会做一些研究，或咨询其他同行。

在图中找一找！

老鼠

蜗牛

水箱

这个玻璃箱是什么？

饲养箱。它由两个部分组成：热区（灯泡用于提升温度）和冷区。医生要保证蜥蜴生活在最适宜的环境中。

急救

　　凌晨，宠物医生被紧急叫到了这里。医生要给生病或受伤的动物做最早期、最基本的治疗，还要安抚慌乱的主人。

这里发生了什么？

　　这只小兔子后腿骨折了，兔子的骨头特别脆弱。医生要把它的骨头归位，绑上绷带让骨头固定，然后它才能慢慢痊愈。

主人接下来应该做什么？
主人要把兔子安置在笼子里，最大程度减少它的活动。几个星期后，小兔子痊愈了，那时它才能重获自由。

动物医生用的工具叫什么？
听诊器，可以听到兔子的心跳。

动物医生要给这只兔子打针吗？
要。小兔子很疼，所以医生同时要给它注射缓解疼痛的药物。

在图中找一找！

听诊器

镊子

笼子

11

乡间

乡村的动物医生经常要去田间地头，看看小羊为什么站不起来，小猪怎么不吃饭，还要给它们抽血、打疫苗……动物医生们不仅白天工作，夜里也常常要出诊。

这个工作很辛苦吗？

动物医生要给牧场里的动物看病，这可是个体力活！动物医生行动时要小心翼翼，避免吓到动物，一举一动都要格外留神。

手套和罩衫有什么作用？

　　一方面可以自我保护，一方面也可以避免将一只动物身上的病毒传给另一只，或是从一座牧场传到另一座。

动物医生还要照顾小羊吗？

　　是的。动物医生这次来刚好可以检查所有小羊的成长状况。有只小羊在用奶瓶喝奶，这是因为它的妈妈没有足够的奶让每只小羊都吃饱。

为什么动物医生要观察这只小猪？

　　动物医生刚给这只小猪做了手术。小猪正在苏醒。现在要让它第一时间回到妈妈身边喝奶。

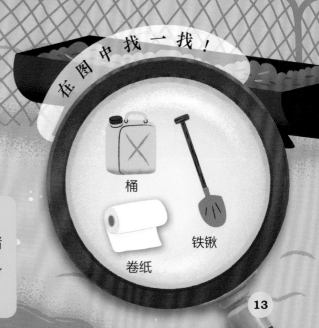

在图中找一找！

桶

铁锹

卷纸

13

牧场里的小生命

绝大部分母牛都可以顺利分娩，生下小牛。不过，这头奶牛难产了。牧场主人赶紧给动物医生打电话，要他过来看看。

动物医生要做什么？

动物医生把手洗干净后，戴上手套、穿上罩衫。他要调整牛妈妈肚子里小牛的位置，让小牛翻过身，然后轻轻拉扯它的腿，把它从牛妈妈肚子里拉出来。看啊，小牛已经躺在稻草上了。它很健康！

母牛在做什么？

母牛正在闻自己的孩子，然后把它身上的液体舔掉。

动物医生还要干什么？

因为小牛现在还很虚弱，所以动物医生在旁边观察。他要帮助小牛慢慢站起来，带小牛来到妈妈肚子旁，让它可以顺利喝到奶。

动物医生会回来看这只牛宝宝吗？

没有意外的话，只有当别的动物出了问题、牧场主人又一次打来电话时，动物医生才会再来到这个牧场。

在图中找一找！

草叉　铃铛

手套

动物园

有些动物医生专门照顾动物园、自然保护区或马戏团里的动物。给老虎、狮子看病又要避免被它们攻击，这可真不简单！

动物园的动物医生只给动物看病吗？

没错！光这样，工作就忙不完了！他要确认所有动物都很健康，治疗生病的动物，管理不同国家动物园送来交换的动物，注意是否有动物怀孕或生产。

动物医生知道如何照顾所有动物吗？

不。遇到不了解的动物，动物医生可以向世界各国的同行专家们咨询。大家交流经验，最终找出解决方案。

动物园里的动物医生也要给
动物们做手术吗？

　　没错。有时，动物医生早上给非
洲豹做手术，下午给红毛猩猩看病，
晚上要照顾长了寄生虫的鹦鹉。

在图中找一找！

麻醉枪

手机

猴子

动物医生的助理在做什么？

　　助理准备了一支麻醉剂，打算用枪射到老虎
身上。老虎陷入沉睡后，动物医生才能靠近它。

17

马术俱乐部的动物医生

有些动物医生只照顾马，也称为"马医"。他们要给马看病、打疫苗，搞清楚它们身上哪里不舒服。

马医和其他动物医生有区别吗？

有区别，也有相同之处。他们在学校里学习一样的知识，但是马医要额外了解马的生理结构与特殊疾病。

马也会牙疼吗？

会！马医每年都要检查马的牙齿。马的牙齿终生生长。有时，马医要替它们磨去牙齿尖锐的部分。

如何知道一匹马生病了？

　　观察马的状态。如果马卧倒在地，就代表它此刻肯定很难受。还可以观察马的眼睛、耳朵的状态与皮毛。

马会得哪些病？

　　最常见的是腿受伤、拉肚子，还有心理上的一些情况。当马没有伙伴、无法常常出去奔跑时，它会很难过。

在图中找一找！

盐块

桶

刷子

19

动物逃走了

街上，一只黑猩猩正在游荡，必须尽快抓住它。这项任务由消防员们执行。

谁负责抓回逃跑的动物？

动物医生消防员。法国有约300名这类特殊的消防员。

这只黑猩猩来自哪里？

这只黑猩猩肯定是从动物园里逃出来的。消防员悄悄将它包围，用结实的绳套圈住它的脖子，然后再把它送回动物园。

假如动物有很强的攻击性呢？

动物医生消防员配有麻醉枪，可以让动物暂时失去意识，然后再把它关进笼子里。不过这一次用不上，这只黑猩猩没有反抗。

如何抓回毒蛇？

用钩子将毒蛇钩住。消防员不必靠近毒蛇，可以避免危险。

在图中找一找！

路标

绳套

帽子

照顾海洋动物

有些动物医生要潜入海里，探访海中的"居民"。他们中的绝大部分还为相关的海洋动物保护机构工作。

动物医生可以在海里给动物看病吗？

一般不可以。动物医生很少给海豚、鲸、海豹看病。不过，他们会认真地观察这些动物，以便对它们有更深入的了解。

动物医生只会帮助海里的动物吗？

不是的。有时动物医生要帮助沙滩上搁浅的动物回到大海中。

动物医生的工作危险吗？

  危险，因此动物医生们总是集体行动。这样其中有人遇到麻烦时，其他人就能赶来帮助。另外，同伴还可以监控附近动物的行为，确保不会有意外发生。

假如有动物生病了怎么办？

  动物医生会给动物注射麻醉剂，再将它带到船上。这样才能好好检查，了解动物到底怎么了。进行治疗以后，等动物醒来，再把它放回海里。

在图中找一找！

海豚

渔网

潜水眼镜

如何才能给袋鼠看病？

首先，要把袋鼠抓住。图中这只袋鼠得了一种唾液分泌太多的病，会阻碍它进食。为了把药放进它嘴里，动物医生要使用一种类似牙刷的长刷子。

老鼠需要看病呢？

只能给驯化的老鼠看病。假如老鼠得了感冒，要给它补充维生素，还要在笼子里放一个小热水袋，让它取暖。

动物知道如何表达自己病了吗？

动物不会说话，动物医生通过观察它们的行为，可以了解它们的健康状况。

古代也有动物医生吗？

有呀！人类自从开始驯化动物以来，就想要好好照顾它们了。1761年，法国里昂成立了世界上第一所专业的动物医生学校。

动物医生的工作都是给动物看病吗？

不一定，有些动物医生在实验室工作。他们要研发药物、改良饲料，他们希望动物们的饲料又好吃又有益健康。

动物医生与人类的健康也息息相关吗？

没错。动物医生为宠物治疗疾病，这样可以避免某些疾病传染给人类。

这只狗狗脖子上戴的是什么？

伊丽莎白圈。这种塑料制成的保护圈可以防止狗狗咬开绷带舔伤口。

为什么医生护士要戴口罩？

避免动物感染细菌。手术中使用的所有工具都要经过消毒。

这个箱子里有什么？

医疗工具，用来给动物检查眼睛、检查嘴巴、测量体温等。

为什么小牛全身湿漉漉？

因为在妈妈的肚子里，小牛生活在充满液体的子宫中。子宫中的液体可以保护小牛，避免它受到撞击。

饲养箱里的蛇要吃什么？

蛇可以吃老鼠。大型蛇有时要吃兔子。这是它的天性，宠物医院里有蛇所需的食物。

动物医生的车里有什么？

车是真正的移动诊所。箱子里放着各种药物、注射器、听诊器等，这些物品加起来超过600千克！

为什么马医要检查马蹄？

这匹马走起来一瘸一拐。马医要检查是否有石子卡在马蹄里。

动物医生消防员什么时候出动？

动物从动物园或家中逃出来或街头有动物受伤时。

如何才能知道动物生病了？

每个饲养员对自己照顾的动物都了如指掌。只要他们发现哪儿不对劲，就会立刻通知动物医生。

饲养蜗牛需要注意什么？

　　饲养蜗牛的玻璃缸里至少有5厘米深的泥土，而且蜗牛喜欢潮湿阴暗的环境，室温保持在25℃。，因为蜗牛是杂食平时可以给蜗牛放一些蔬菜叶，水果片，但绝对不能含盐，蜗牛怕盐。同时在玻璃缸里也可以放一些草或者树枝，让蜗牛的生活环境更好。

如何防止小猪们生病？

　　作好防寒保暖工作。要给猪幼仔饲喂适口性好、营养丰富、易于消化的饲料。注意小猪们的疫病防治，尤其在冬春季节，动物医生要勤查勤治，早发现早治疗；按时为小猪们注射疫病防治疫苗，预防猪传染病的发生，确保小猪健康生长。

这个动物医生在干嘛？

　　动物医生要潜入水下，观察一群海豚的行为。在几个生物学家的帮助下，他为一只海豚取下了背鳍上缠绕的渔网。

这天晚上发生了什么？

一只狮子的牙碎了。动物医生给狮子打了麻醉针，让它睡着，然后再处理它的碎牙。这样一来，狮子才不会感觉到疼痛。

动物医生在干什么？

他在测体温、抽血、听心跳，检查这头大象有没有生病。

动物医生要如何靠近一条蛇？

饲养员用钩子将蛇抓住，然后用双手将它牢牢固定。这时，动物医生就可以毫无顾虑地给它看病了。